特色农产品质量安全管控"一品一策"丛书

磐安云峰茶全产业链质量安全风险管控手册

于国光　陈文明　主编

中国农业出版社

北　京

图书在版编目（CIP）数据

磐安云峰茶全产业链质量安全风险管控手册 / 于国
光，陈文明主编. —北京：中国农业出版社，2022.3
（特色农产品质量安全管控"一品一策"丛书）
ISBN 978-7-109-29156-0

Ⅰ.①磐…　Ⅱ.①于…　②陈…　Ⅲ.①茶叶—产业链
—质量管理—安全管理—手册　Ⅳ.①TS272.7-62

中国版本图书馆CIP数据核字(2022)第031872号

中国农业出版社出版
地址：北京市朝阳区麦子店街18号楼
邮编：100125
责任编辑：杨晓改　耿韶磊　责任校对：吴丽婷
印刷：中农印务有限公司
版次：2022年3月第1版
印次：2022年3月北京第1次印刷
发行：新华书店北京发行所
开本：787mm×1092mm 1/24
印张：3
字数：150千字
定价：48.00元

编 写 人 员

主　　编　于国光　陈文明

副 主 编　郑蔚然　卢淑芳

技术指导　杨　华　王　强　褚田芬　赵学平

编写人员　（按姓氏笔画排序）

　　　　　卢国金　任霞霞　刘玉红　苍　涛　陈加多

　　　　　陈桑斐　罗文文　周晓龙　郑亚楠　徐明飞

　　　　　曹阳婷　雷　玲

前　言

茶叶中含有茶多酚、咖啡碱、叶酸、矿物质等多种成分，具有抗衰老、降血脂、防动脉硬化、降低心血管疾病发病率等多种功效，深受消费者喜爱。茶叶制成的茶饮料，也成为世界三大饮料之一。

磐安县产茶历史悠久、品质优良，现有茶园面积8.2万亩左右，年产茶叶总量2 800余t，总产值4.3亿元，是磐安县的主导产业之一，在发展山区经济、促进农民增收、推进生态建设等方面具有重要作用。

茶叶生产中，要严格做好质量安全管控，以确保茶叶质量安全。如果没有做好质量安全管控，茶叶中的农药残留、重金属污染等会给茶叶质量安全带来较大的风险隐患。这些风险隐患的主要来源包括：茶叶种植过程中农药使用不规范（超范围、超剂量或浓度、超次数，以及不遵守安全间隔期等）；土壤、肥料、灌溉水和空气中的铅、镉等重金属，以及茶叶加工过程中的重金属。这些风险隐患，一定程度上制约了茶叶产业可持续发展。因此，茶叶产业迫切需要先进适用的质量安全生产管控技术。编者根据多年的研究成果和生产实践经验，编写了《磐安云峰茶全产业链质量安全风险管控手册》一书。本书遵循全程控制的理念，对建园、耕作、施肥、茶树修剪、病虫害防治、采收、加工、包装贮运等环节提出了控制措施，以更好地推广茶叶质量安全生产管控技术，保障茶叶质量安全。

本书在编写过程中，吸收了同行专家的研究成果，参考了国内有关文献、标准和书籍，在此一并表示感谢。

由于编者水平有限，疏漏与不足之处在所难免，敬请广大读者批评指正。

编　者
2021年

目　录

一、磐安茶叶生产概况

磐安位于浙江省中部，县名出自《荀子·富国》，有"则国安于盘石"之说，意寓"坚不可摧、安如磐石"。磐安处于天台山、会稽山、括苍山、仙霞岭等山脉的发脉处，为钱塘江、曹娥江、灵江、瓯江四大水系的发源地之一，素称"群山之祖，诸水之源"。县域内山清水秀，环境优美，被誉为"浙中大盆景、天然氧吧城"。全县森林覆盖率达75.4%，大气环境质量达到国家规定的Ⅰ级标准，水质考核名列全省前茅。

磐安县产茶历史悠久，唐代"婺州东白"就被列为贡品，始建于宋重修于清的、国内幸存的唯一的古代茶叶交易市场——玉山古茶场是全国重点文物保护单位。磐安县是中国生态龙井茶之乡、中国茶文化之乡，是全国重点产茶县、全国特色产茶县、全国十大生态产茶县。全县现有茶园总面积8.2万亩*左右，茶树良种化率60.3%，茶叶总产量2 800余t，总产值4.3亿元，受益农民8万多人；全县茶园平均海拔500多m，茶叶品质优异，具有典型

---

* 亩为非法定计量单位。1亩=1/15hm²。——编者注

的山区优势茶叶的品质特征，先后荣获省部级"金奖"100余次；全县拥有各类茶叶加工机械10 135台，茶叶专业化加工率80%；培育1 000 m²以上加工厂房的茶叶龙头企业11家，市级以上农业龙头企业6家，省级以上示范性专业合作社3家，省示范茶厂2家；茶叶中心品牌——"磐安云峰"被评为浙江省著名商标，荣获地理标志产品证书。

二、茶叶质量安全风险隐患

风险监测和评估结果表明，茶叶中的主要质量安全风险为农药残留和重金属污染。

（一）农药残留

现今，色板、杀虫灯、性诱剂等茶园病虫害绿色防控技术取得了较大的进展；但需要正确使用、长期坚持，才能取得较好的病虫害防治效果。一些茶叶生产基地对病虫绿色防控技术重视不够、不能长期坚持使用，或者技术掌握不彻底，不能正确把握使用时机和使用方法，影响了病虫害绿色防控的效果；一旦出现病虫害，还是依赖化学农药进行防治，还存在超范围、超剂量或超浓

度、超次数使用农药，以及不遵守安全间隔期等问题，从而导致农药残留风险。

（二）重金属污染

茶叶可以吸收土壤、肥料、空气和水中的重金属，如果不严格控制，土壤、肥料（特别是来自于规模化养殖场的有机肥）可能会含有较多的重金属，成为茶叶重金属污染的主要来源。此外，茶叶加工过程中使用的机械和器具，也可能成为茶叶重金属污染的重要来源。

三、茶叶质量安全关键控制点及技术

为了消除茶叶生产过程中的风险隐患，确保茶叶质量安全，遵循全程控制的理念，在科学修剪、平衡施肥、病虫害绿色防治、合理使用农药等环节制订了控制措施。

（一）质量安全关键控制点

健壮栽培、清洁生产和绿色防控，是减少茶叶中农药残留和重金属污染，保证茶叶质量安全的三大重要途径。

1. 健壮栽培——提高茶叶抗病虫能力

✓ 种苗选育：选择适合制作磐安云峰茶的"本地群体种"，或其他中、小叶类无性系茶树良种。

✓ 平衡施肥：适时、适量施肥。

✓ 科学修剪：通过科学修剪，营造良好的树冠，并防止病虫害的发生和蔓延。

2. 清洁生产——创造有利于茶树健康、不利于病虫害发生的环境，以及农业投入品中重金属的控制，采收和加工过程中的清

洁生产

　　✓ 产地环境：产地环境符合国家标准要求，生态环境优良。

　　✓ 清洁田园：及时清除病枝病叶，减少病虫害的发生。

　　✓ 农业投入品：控制基肥、化肥中的重金属含量。

　　✓ 采收、加工和包装储运：对操作者、器具和材料的卫生要求，避免细菌、病菌的侵染；对器具和材料中重金属的要求，避免重金属的迁移污染。

　　3.绿色防控——减少化学农药的使用

　　✓ 优先选用农业防治、物理防治、生物防治等病虫害防控措施。

　　✓ 选用高效低毒低残留的农药种类，降低茶叶中的农药残留风险。

（二）四大关键技术

1.科学修剪

　　茶树修剪是茶园管理的重要工作之一。科学修剪可抑制茶树主枝徒长，使枝条发育均匀、萌芽整齐，培养具有矮、壮、宽、匀的茶蓬，延长生产年限并防止病虫害的发生和蔓延，对于提高茶叶产量和质量具有重要意义。对于幼龄茶园，要"以采代剪、采剪结合"，做好定型修剪、培养良好的树冠；对于壮年投产茶园，根据茶树生长情况和生产要求，施行轻修剪或深修剪；对于衰老茶树，采用重修剪或台刈，重新培育树冠。

2. 平衡施肥

做好茶园的施肥工作，在为茶树提供营养物质的同时，可以改良土壤，为茶树生长创造良好的土壤生态条件，从而健壮树势、减少病虫害的发生，使茶叶优质高产。

茶树对肥料营养的需要具有连续性、集中性、阶段性和多样性的特点。一是茶树是多年生叶用作物，一年中分批多次采摘，需要多次施肥。二是茶叶采摘后，需要集中施肥，补充土壤中的营养物质。三是茶树在不同的生长发育阶段，对氮、磷、钾在数量上各有不同的要求；幼龄期茶树对磷、钾的需求量较大；采叶茶树，对氮的需求量较大。四是不同月份，采叶茶树对氮、磷、钾的吸收量也不同。

因此，要根据茶树的生物学特性、茶园的土壤特性及生产需要，选用合适的肥料种类，在合适的时间、位置、深度合理施用，做到平衡施肥。一是有机肥与无机肥相结合，重施有机肥。二是基肥与追肥相结合，以基肥为主。三是春茶追肥与夏秋茶追肥相结合，以春茶追肥为主。四是追肥以氮肥为主，并与磷、钾肥和微量元素肥相结合。五是以茶树根部施肥为主，并与叶面施肥相结合。

3.病虫害绿色防控

在茶园的病虫害防控中，应优先选用农业防治、物理防治、生物防治等绿色防控措施。其中，杀虫灯、色板和性诱剂等物理防控技术，取得了较大进展，也发挥了较大作用。

（1）杀虫灯。尽量选择天敌友好型杀虫灯（如LED杀虫灯）。大面积、连片、持续使用，效果较好。要按照产品说明书安装，一般每20亩1～2盏，根据实际地形、地貌确定密度；灯管在茶棚上方40～60 cm处。应在茶园害虫始发期，即3月上旬开杀虫灯。每天日落后工作3 h即可（设置好程序，无需手动开关）。

（2）色板。尽量选择天敌友好型色板。放置时间是春茶结束修剪后，高度为茶棚上方20 cm，密度为每亩25～30张。

悬挂2 ～ 3周后更换。色板拆除后妥善安置，以防止污染茶园环境。

LED杀虫灯

天敌友好型色板

（3）性诱剂。大面积、连片、持续使用，效果较好。性诱剂放置时间，应早于越冬代成虫羽化。根据上年发生程度，设置性诱器放置密度，一般为每亩 2 ~ 4 套。为保证诱杀效率，性诱捕器需及时更换黏板，每3个月更换1次性诱芯。

茶尺蠖性诱捕器

4.合理使用农药

病虫害发生比较严重，农业防治、物理防治、生物防治等措施达不到病虫害防控需要时，要科学合理地选择和使用化学农药进行病虫害防治。

"**选对药**"。根据茶叶病虫害发生种类和情况，选择合适的农药，对症下药，特别是在登记农药中选择高效低水溶性的农药，如虫螨腈、茚虫威等。

"**合理用**"。把握好农药的使用要点，如最佳的施用时间（病虫害发生前期或初期）、施用方式等；提倡药剂轮换使用，以免病虫害对农药的抗性提高。

"**安全到**"。严格把控农药的施药量或施药浓度、施药次数和安全间隔期，确保茶叶质量安全。

四、茶叶生产十项管理措施

（一）建园

1. 基地选择

（1）茶园应远离工矿企业、交通主干道、垃圾处理场等污染源。

（2）茶园应选择生态条件良好，水源清洁，立地开阔，通风、向阳、排水良好的地块。

（3）茶园与主干公路、荒山、林地和农田的边界应设立缓冲带、隔离带或物理障碍区等。

（4）茶园的土壤宜呈弱酸性（红壤或黄壤），pH 4.0 ～ 6.5，土壤含石灰（活性钙含量）不大于0.2 %，有机质含量2.0 %以上，土壤有效深度50 cm以上。

2.茶园规划

茶园规划应有利于保护和改善茶区生态环境、维护茶园生态平衡和生物多样性，发挥茶树良种的优良种性。

（1）根据茶园的规模、地形、地貌等，合理设置道路系统，包括主道、支道及操作道。

（2）应建立完善的水利系统，做到能蓄能排。

（3）茶园的种植区要与办公区、生活区隔离。

（4）茶园应设置专门的农业投入品仓库，以及投入品包装废弃物、垃圾及农业废弃物等收集装置。

3.开垦

（1）坡度15°以下的缓坡地可全垦，深度60 cm。坡度15°以上坡地，按等高线砌筑梯地，常规茶园梯面宽150 cm，机采茶园梯面宽应在180 cm以上，然后初垦，深度50 cm。

（2）定植前进行复垦，深度20 ~ 30 cm。

4.种苗选择

（1）品种选择。应选择适制磐安云峰茶的"本地群体种"或其他中、小叶类无性系茶树良种。

(2) 苗木。① 种苗繁育基地应选择无污染地块。② 苗木插穗应来自良种母本园。③ 苗木的质量应符合《茶树种苗》(GB 11767) 的规定。

5. 定植

(1) 定植时间。春季，2月中旬至3月中旬。秋季，10月下旬至11月下旬。

(2) 定植密度。单条栽，行距150 cm，丛距33 cm，每丛茶苗2～3株，每亩基本茶苗数0.3万～0.4万株。双条栽，大行距150 cm，小行距40 cm，丛距33 cm，每丛茶苗2株，每亩基本苗数0.50万～0.52万株。

(3) 栽种茶苗时，一手扶直茶苗，另一手将土填入沟（穴）中，逐层填土，土盖至茶苗根颈不露须根时，将茶苗轻轻一提，使茶苗根系自然舒展。适当加细土压紧，浇足定根水，在茶苗根部覆盖细土至根颈处。

(4) 定植后及时进行第1次定型修剪、铺草覆盖，防旱防冻保湿保苗。覆盖材料有茅草、柴禾、农作物秸秆等。

(5) 定期检查成活率，发现缺株时，应及时补齐。

（二）耕作

1. 中耕

每年进行2次中耕，第1次中耕在2月中下旬至3月上旬进行，深度5～10 cm；第2次在春茶结束后（5月上、中旬）进行中耕，深度10～15 cm。

2. 深耕

每年或隔年1次，一般在10月茶季结束后进行。在茶行中深挖，深度25 cm以上。

（三）施肥

1. 肥料的种类及要求

基肥以有机肥为主；追肥以速效氮肥为主，磷、钾为辅，并适当配施微量元素肥料。

有机肥、氮肥、复合肥等应符合相应标准的规定，并符合《肥料中有毒有害物质的限量要求》（GB 38400—2019）的规定。

2. 施肥时间及方法

10月中旬至11月上旬，结合深耕施基肥；2月中、下旬，施春茶催芽肥。如果生产夏秋茶，可在春茶结束后和夏秋茶结束后分别追肥一次（表1）。

表1 茶园施肥

生产方式	底肥	基肥	追肥
只采春茶	秋末冬初，或在移栽前1个月以上，开50 cm以上深沟，每亩用经无害化处理后的栏肥等有机肥2 000 kg，钙镁磷肥100 ～ 200 kg，饼肥200 ～ 300 kg，与土拌匀，覆土10 cm以上，底土离地面15 ～ 20 cm	每亩用150 ～ 200 kg菜籽饼肥或1 000 kg以上经无害化处理的有机肥与35 kg茶树专用肥拌匀后，开沟15 ～ 20 cm或结合深耕施用	1. 春茶开采前50 d，每亩施用尿素10 kg，开浅沟5 ～ 10 cm施用 2. 春茶结束重修剪或6月下旬，每亩施用尿素10 kg，开浅沟5 ～ 10 cm施用。提倡使用通过认证的有机肥
全年采摘		每亩用经无害化处理的有机肥1 500 kg；菜籽饼肥或商品有机肥150 ～ 250 kg；与35 kg茶树专用肥拌匀后，开沟15 ～ 20 cm或结合深耕施用(专用肥含量推荐比例为 N：P_2O_5：K_2O：MgO=20：8：12：2)	1. 春茶开采前30 ～ 40 d，每亩施用尿素10 kg，开浅沟5 ～ 10 cm施用 2. 春茶结束后，每亩施用尿素10 kg，开浅沟5 ～ 10 cm施用 3. 夏茶结束后，每亩施用尿素10 kg，开浅沟5 ～ 10 cm施用

（四）茶树修剪

1.定型修剪

（1）幼龄期茶树应经过3次定型修剪，促进侧枝形成，培养骨干枝，形成广阔的采摘面。

（2）定型修剪时间。第1次在茶苗移栽定植时进行（长势弱的茶苗在定植生长1年后的春季进行）；第2次在定植生长1年后进行；第3次在定植生长2年春茶采摘后进行。

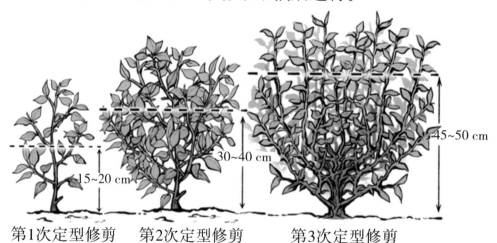

第1次定型修剪　　第2次定型修剪　　　　第3次定型修剪

（3）定型修剪方法。第1次在离地15～20 cm处用整枝剪剪去主杆枝；第2次在离地30 ～ 40 cm处用修枝剪剪去余枝；第3次在离地45 ～ 50 cm处用修枝剪将树冠剪平。机采茶园定型修剪高度第1次15 cm左右，第2次30 cm，第3次40 cm。

2. 轻修剪

（1）茶园轻修剪每年进行1 ～ 2次，宜在春茶后进行。

（2）方法。剪去树冠面上的突出枝，深度约5 cm。覆盖度较大的茶园，应进行茶行边缘修剪，保持茶行15 ～ 20 cm的间隙。

3. 深修剪

当树冠面出现很多鸡爪枝、芽叶瘦小、荚叶多、产量明显下降的茶树，要剪去树冠上部10～15 cm的一层枝叶或在80 cm高度处进行平剪。

4. 重修剪

将衰败茶树的地上部枝条剪去1/3或1/2，重新培育树冠，宜在春茶后进行。

深修剪

重修剪

5. 台刈

将衰老茶树上部枝条离地5～10 cm处全部台刈去，重新培育树冠。一般在春茶后进行。不采春茶的茶园可在开春后进行。

（五）除草

1.提倡采用人工或机械方式除草

茶园人工除草主要包括人工拔除、割草机割草、锄头铲除或者耕作翻土等方式。幼龄茶园，一般采取人工拔除方式，以避免伤及茶苗及其根系。成龄生产茶园，可以采用割草机割草；也可以采用锄头铲除或者耕作翻土等方式除草，大大减少杂草生长概率，特别是对于茅草、狗牙根、香附子等顽固性杂草的根除效果

比较好。对于一年生杂草，可以用浅耕的方式处理；对于多年生的顽固性杂草，用深耕的形式效果比较好。对于拔除或者耕作除掉的杂草，要么带出茶园暴晒，要么直接深埋土壤之中，防止杂草复生。为了节省成本，宜将人力与机械相结合，提高除草效率。

2. 以草治草和防草布覆盖

（1）新建茶园控草。

① 防草布全园覆盖。春季覆盖PE 80或PP 85防草布。宽度为1.5 m，每米用1个地钉固定。

防草布全园覆盖抑草

草布联用抑草

②草布联用。10月中旬，行间撒播鼠茅草种子，每亩1.0 kg；翌年春天追施氮肥每亩5 kg。春季覆盖防草布，宽度为0.6 m。

（2）成龄茶园控草。

①行间种草。10月中旬，行间撒播鼠茅草种子，每亩1.0 kg；翌年春天追施氮肥每亩5 kg。

②行间防草布覆盖。春茶浅耕施肥后覆盖PE80或PP85防草布。宽度为0.6 m，每米用1个地钉固定。秋季掀开防草布一边施基肥，翌年春季再次覆盖。

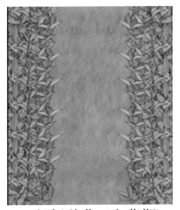
行间种草（生草期）

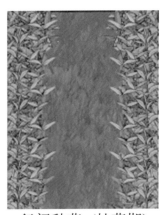
行间种草（枯草期）

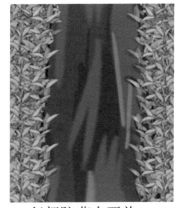
行间防草布覆盖

（六）病虫害防治

1. 防治原则

遵循"预防为主，综合防治"的方针，优先选用农业防治、物理防治、生物防治等绿色防控措施，合理使用化学防治。

2. 农业防治

（1）换种改植或发展新茶园时选用对当地主要病虫害抗性较强的品种。

（2）分批、多次、及时采摘，抑制假眼小绿叶蝉、茶橙瘿螨、茶白星病等病虫害。

（3）科学修剪，减轻毒蛾类、蚧类、黑刺粉虱等害虫的危害，控制螨类的越冬基数。

（4）秋末结合施基肥进行茶园深耕，减少翌年在土壤中越冬的鳞翅目和象甲类等害虫的种群密度。

（5）清理病虫危害的茶树根际附近的落叶和翻耕表土，减少茶树病原菌和在表土中害虫的越冬场所。

3. 物理防治

（1）采用人工方式捕杀茶毛虫、茶蚕、蓑蛾类、卷叶蛾类、茶丽纹象甲类等害虫。

（2）利用害虫的趋性，进行灯光诱杀、色板诱杀、性诱杀等。

4.生物防治

（1）保护和利用当地茶园中的草蛉、瓢虫、蜘蛛、捕食螨、寄生蜂等有益生物，减少对天敌的伤害。

（2）使用短稳杆菌、茶毛虫核型多角体病毒等生物源农药防治病虫害。

5.化学防治

（1）加强病虫测报，做好虫情调查，把握防治适期，科学选择和使用化学农药防治病虫害。

（2）对症下药，提倡一药多治和农药轮换使用。

（3）对不同的害虫，采用不同的喷雾方式。蓬面害虫采用蓬面扫喷，茶丛中下部害虫采用侧位喷雾。

（4）严格按照《农药合理使用准则》（GB/T 8321）（所有部分）的要求控制施药量与安全间隔期。

（5）不得使用未在茶树上登记的农药。茶树主要病虫害防治方法见附录2。茶树上禁止使用的农药见附录3。

蓬面喷雾

侧位喷雾

（七）鲜叶收贮运

1.鲜叶采摘

（1）开采期。茶园蓬面一芽一叶初展芽梢平均每平方米达到5个以上为开采适期。

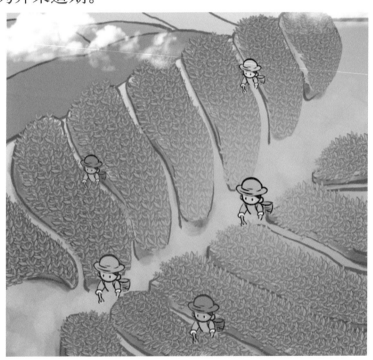

（2）采摘方法。鲜叶按标准及时分批采摘。鲜叶采摘采用提手采，保持芽叶完整、新鲜、匀净，不带鱼叶和鳞片，不应掐采、捋采、抓采。

（3）鲜叶分级。磐安云峰茶（针形）鲜叶分3个等级（表2）；磐安云峰茶（生态龙井、卷曲形、条形）鲜叶分3个等级（表3）。

表2　磐安云峰茶（针形）鲜叶分级

等级	质量要求
特级	纯芽、类纯芽，芽头匀齐健壮，新鲜，不带鱼叶、鳞片、茶蒂、单片、紫芽、病虫斑点等，摘断处无指痕
一级	一芽一叶初展，芽长于叶，芽叶匀齐健壮，新鲜，不带鳞片、单片、紫芽、病虫斑点等，摘断处无指痕
二级	一芽一叶为主，含少量一芽二叶初展（20%以下），芽叶匀齐健壮，新鲜，不带鳞片、单片等

表3　磐安云峰茶（生态龙井、卷曲形、条形）鲜叶分级

等级	质量要求
特级	一芽一叶初展80%以上，芽长于叶，芽叶完整、匀净、新鲜，不带病虫叶
一级	一芽一叶80%以上，芽叶完整，匀净
二级	一芽一叶至一芽二叶，芽叶完整，新鲜

2.盛放、运输、贮存

（1）盛放鲜叶的器具应为透气性好的篮、篓类，且应保持清洁卫生；不得使用布袋、塑料袋等软包装材料密闭盛装。

（2）运输时避免日晒、雨淋，并不得与有异味、有毒物品混装。

（3）鲜叶采摘后4h内运送到加工场所。

（4）鲜叶贮存时，应贮放在洁净、阴凉处，轻放、轻翻、禁压，防止变质，减少机械损伤。

（八）茶叶加工

1. 加工场所

（1）环境条件。

① 应选择地势干燥，水源清洁、充足，日照充分的区域；远离交通主干道及排放"三废"的工业企业，周围不得有粉尘、有害气体和其他扩散性污染源。

② 大气环境应符合《环境空气质量》（GB 3095）中规定的二级标准要求。

③ 加工用水应符合《生活饮用水卫生标准》（GB 5749）的要求。

（2）厂区布局。

① 厂区应根据加工规模和产品工艺要求合理布局，应设置与加工产品种类、数量相适应的厂房、仓库和场地。加工区应与生活区和办公区隔离。

② 厂区环境应整洁、干净、无异味。道路应为硬质路面，排水通畅，地面无积水，绿化良好。

③ 厂房布局应考虑相互间的地理位置及朝向。锅炉房、厕

所应处于生产车间的下风口。仓库应设在干燥处。

④ 厂房布局应满足加工工艺对温度、湿度和其他工艺参数的要求，防止毗邻车间相互干扰。

(3) 加工车间。

① 加工车间内部布置应与工艺流程和加工规模相适应，能满足工艺、质量和卫生的要求。

② 车间地面应坚固、平整、光洁。

③ 车间通风、通气良好。杀青、干燥车间，应安装足够的排湿、排气设备。

④ 车间应有防鼠、防蝇、防虫措施，如安装纱门、纱窗、排水口网罩、通风口网罩等。

⑤ 车间内不得存放易污染茶叶的物品，不得存放其他非加工茶叶用的物品。

2. 加工设备和用具

(1) 应用无毒、无异味、不污染茶叶的材料制成。

(2) 每次使用前，必须清洁干净。新设备和用具必须清除表面的防锈油等不洁物，旧设备和用具应除锈、除尘、除异物等。

（3）加工设备和用具应妥善维护，禁止与有毒、有害、有异味、易污染的物品接触。

3.人员

（1）培训。人员上岗前应进行相关技术、技能和卫生知识的培训，掌握必要的技术、技能和卫生知识。

（2）卫生。

① 应定期进行健康检查，取得有效的健康合格证书后方可上岗。

② 进入工作场所前，应洗手、更衣、戴帽、戴口罩、换鞋，不得将与茶叶加工无关的个人用品和饰物带入，不得在工作场所化妆、吃食物、吸烟和吐痰。

4.加工

(1) 加工过程中，不添加任何外源物质。

(2) 加工场所不得使用灭蚊药、灭鼠药、驱虫剂、消毒剂等易污染茶叶的药剂。

(3) 加工废弃物应及时清理出去，妥善处理，以免污染茶叶和环境。

5.包装与标识

(1) 茶叶产品应及时包装，避免受潮、受污染，包装应符合《茶叶包装通则》(GH/T 1070) 的规定。

(2) 标志应符合《包装储运图示标志》(GB/T 191) 的规定。标签应标注产品类型并符合《食品安全国家标准 预包装食品标签通则》(GB 7718) 和《国家质量监督检验检疫总局关于修改〈食品标识管理规定〉的决定》的规定。

6.贮存

茶叶贮存的库房、管理和保质措施应符合《茶叶贮存》(GB/T 30375) 的规定。

(1) 库房应整洁、干燥、无异味；地面应有硬质处理；并有防潮、防火、防鼠、防虫等设施。

（2）温度宜控制在10℃以下，相对湿度50%以下。

（3）应采取措施避免日光直射到茶叶上。

7. 运输

应采用清洁、干燥、无异味、无污染的运输工具。运输时应采取防雨、防潮、防暴晒措施，不得与有毒、有害、有异味、易污染的物品混装、混运。

（九）产品检测

产品应进行检测，合格后方可上市销售。检验报告至少保存2年。

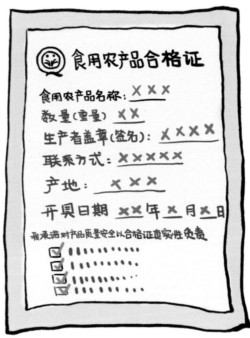

（十）生产记录与产品追溯

1. 生产记录

（1）详细记录主要农事活动，特别是农药和肥料的购买及使用情况（如名称、购买日期和购买地点、使用日期、使用量、使用方法、使用人员等），并保存2年以上。

（2）应记录上市茶叶的销售日期、品种、数量及销售对象、联系电话等。

（3）禁止伪造生产记录，以便实现茶叶的可溯源。

2.产品追溯

鼓励应用二维码等技术，建立茶叶追溯信息体系，将茶叶生产、加工、流通、销售等各节点信息互联互通，实现茶叶产品从生产到消费者的全程质量管控。

五、茶叶生产投入品管理

（一）农资采购

农资采购做到"三要三不要"。

一要看证照

要到经营证照齐全、经营信誉良好的合法农资商店购买。不要从流动商贩或无证经营的农资商店购买。

二要看标签

要认真查看产品包装和标签上的农药名称、有效成分及含量、农药登记证号、农药生产许可证号，或农药生产批准文件号、产品标准号、企业名称及联系方式、生产日期、产品批号、有效期、用途、使用技术和使用方法、毒性等事项，查验产品质量合格证。不要盲目轻信广告宣传和商家的推荐。不要使用过期农药。

三要索取票据

要向农资经营者索要销售凭证，并连同产品包装物、标签等妥善保存好，以备出现质量等问题时作为索赔依据。不要接受未注明品种、名称、数量、价格及销售者的字据或收条。

（二）农资存放

应设置专门的农业投入品仓库。仓库应清洁、干燥、安全，有相应的标识，并配备通风、防潮、防火、防爆等设施。不同种类的农业投入品应分区存放；农药可以根据不同防治对象分区存放，并清晰标识，以避免错拿。危险品应有危险警告标识，有专人管理，并应有进出库记录。

（三）农资使用

为保障操作者身体安全，特别是预防农药中毒，操作者作业时须佩戴保护装备，如帽子、保护眼罩、口罩、手套、防护服等。

身体不舒服时，不宜喷洒农药。

喷洒农药后，出现呼吸困难、呕吐、抽搐等症状时应及时就医，并准确告诉医生喷洒农药的名称及种类。

（四）废弃物处置

　　农业废弃物，特别是农药使用后的包装物（空农药瓶、农药袋子等），以及剩余药液或过期药液，应妥善收集和处理，不得随意丢弃。

六、产品认证

茶叶生产企业应积极申请无公害农产品、绿色食品和农产品地理标志产品认证，实施品牌化经营管理。

无公害农产品

无公害农产品，是指产地环境、生产过程和产品质量符合国家有关标准和规范的要求，经认证合格获得认证证书并允许使用无公害农产品标志的未经加工或者初加工的食用农产品。

绿色食品

　　绿色食品，是指产自优良生态环境、按照绿色食品标准生产、实行全程质量控制并获得绿色食品标志使用权的安全、优质食用农产品及相关产品。

农产品地理标志

农产品地理标志，是指标示农产品来源于特定地域，产品品质和相关特征主要取决于自然生态环境和历史人文因素，并以地域名称冠名的特有农产品标志。

附　　录

附录 1　农药基本知识

农药分类

杀　虫　剂

主要用来防治农、林、卫生、贮粮及畜牧等方面的害虫。

杀菌剂

　　对植物体内的真菌、细菌或病毒等具有杀灭或抑制作用，用以防治作物的各种病害的药剂。

除 草 剂

用来杀灭或控制杂草生长的农药，也称除莠剂。

植物生长调节剂

指人工合成的或天然的具有植物激素活性的物质。

农药毒性标识

农药毒性分为剧毒、高毒、中等毒、低毒、微毒5个级别。

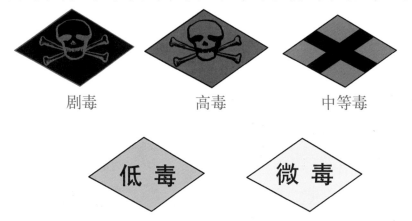

剧毒　　　　　　　　高毒　　　　　　　　中等毒

低　毒　　　　　　　微　毒

象形图

象形图应当根据产品实际使用的操作要求和顺序排列，包括贮存象形图、操作象形图、忠告象形图、警告象形图。

贮存象形图	放在儿童接触不到的地方，并加锁
操作象形图	配制液体农药时　　配制固体农药时　　喷药时
忠告象形图	戴手套　　　戴防护罩　　　戴防毒面具 用药后需清洗　　戴口罩　　　穿胶靴
警告象形图	危险/对家畜有害　　危险/对鱼有害，不要污染湖泊、池塘和小溪

附录2 茶树主要病虫害防治方法

附表2-1 茶园主要病虫害防治周年历

时间	防治方法
3月上旬	放置灰茶尺蠖性诱捕器(每亩2~4套)、打开天敌友好型杀虫灯,诱杀灰茶尺蠖、小绿叶蝉越冬代成虫,压低虫口基数
3月中旬至4月	春茶期间,若黑刺粉虱大发生,放置数字化黄色黏虫版(每亩25~30张)
5月	① 春茶结束修剪后,放置天敌友好型色板(每亩25~30张),诱杀小绿叶蝉成虫,压低虫口基数 ② 5月底6月初,间隔7~10 d,连喷2次啶氧菌酯、吡唑醚菌酯或多抗霉素(有机可用),防治炭疽病
6—7月	① 此阶段为叶蝉发生高峰期,密切关注田间虫口。若叶蝉达防治指标(夏茶,百叶6头),及时喷施虫螨腈、茚虫威等化学农药;有机茶园,可提早、连喷2次(间隔5~7d)天然除虫菊素、茶皂素、印楝素等植物源农药 ② 如有灰茶尺蠖幼虫发生(3龄以下),喷施茶尺蠖病毒BT制剂;及时更换性诱捕器黏板,6月底更换灰茶尺蠖性诱剂
7—9月	此阶段为尺蠖暴发高峰期,密切关注田间虫口。如有灰茶尺蠖幼虫发生,在3龄前喷施短稳杆菌(有机茶园)、高效氯氰菊酯等农药

（续）

时间	防治方法
10—11 月	关注叶蝉若虫虫口。若达防治指标(秋茶，百叶 12 头)，及时喷施虫螨腈、茚虫威等化学农药；有机茶园，可提早、连喷 2 次(间隔 5~7 d)天然除虫菊素、茶皂素、印楝素等植物源农药
12 月	关闭杀虫灯；喷施石硫合剂封园，降低害螨、粉虱、叶蝉等刺吸式口器害虫的越冬基数；结合施肥进行深翻，降低尺蠖、象甲等害虫的越冬基数

附表2-2　茶园推荐农药及使用方法

	农药种类	防治对象	稀释倍数	安全间隔期（d）
化学农药	240 g/L 虫螨腈悬浮剂	小绿叶蝉、害螨、蓟马	1 500 ~ 2 200	7
		灰茶尺蠖、象甲、叶甲	1 000 ~ 1 500	
	150 g/L 茚虫威乳油	小绿叶蝉	1 800 ~ 2 700	10
	4.5% 高效氯氰菊酯乳油	灰茶尺蠖、小绿叶蝉、茶网蝽	1 500 ~ 2 000	10
	250 g/L 吡唑醚菌酯悬浮剂	炭疽病	1 000 ~ 2 000	14
	22.5% 啶氧菌酯悬浮剂	炭疽病	1 000 ~ 1 500	10
	10% 苯醚甲环唑水分散粒剂	炭疽病	1 000 ~ 1 500	14

（续）

农药种类		防治对象	稀释倍数	安全间隔期（d）
生物及矿物源农药	短稳杆菌悬浮剂	灰茶尺蠖等鳞翅目害虫	500 ~ 700	—
	茶核·苏云菌悬浮剂	灰茶尺蠖	300 ~ 500	—
	茶毛核·苏云菌悬浮剂	茶毛虫	300 ~ 500	—
	5% 除虫菊素水乳剂	小绿叶蝉、蓟马	900 ~ 1 000	—
	30% 茶皂素水剂	小绿叶蝉	300 ~ 600	—
	99% 矿物油乳油	害螨	90 ~ 150	—
	45% 石硫合剂结晶粉	封园药剂	120 ~ 180	—
	3% 多抗霉素可湿性粉剂	炭疽病、茶饼病、白星病	200 ~ 400	—
	57% 石蜡油乳油	杂草	20 ~ 50	—
使用注意	● 防治指标：灰茶尺蠖，每亩 6 500 头或每米茶行 10 头；小绿叶蝉，夏茶为百叶 6 头、秋茶为百叶 12 头；害螨，3~4 头 /cm^2 叶面积或有螨叶率 > 40% ● 灰茶尺蠖幼虫 3 龄前进行喷药防治 ● 除虫菊素、短稳杆菌、病毒等生物农药需在傍晚或阴天施用；除病毒的生物农药适合在 4 月、5 月、10 月喷施 ● 做好虫口监测，适时喷药，注意药剂轮换			

附录3　茶树上禁止使用的农药

根据中华人民共和国农业部公告 第199号，第632号，第1157号，第1586号，第2032号，第2445号，农业农村部公告第148号，农业部、工业和信息化部、国家质量监督检验检疫总局公告第1745号，浙政办发〔2001〕34号，食药监〔2013〕208号等规定，以下农药禁止在茶树上使用：

六六六，滴滴涕，毒杀芬，二溴氯丙烷，杀虫脒，二溴乙烷，除草醚，艾氏剂，狄氏剂，汞制剂，砷类，铅类，敌枯双，氟乙酰胺，甘氟，毒鼠强，氟乙酸钠，毒鼠硅，甲胺磷，对硫磷，甲基对硫磷，久效磷，磷胺，苯线磷，地虫硫磷，甲基硫环磷，磷化钙，磷化镁，磷化锌，硫线磷，蝇毒磷，治螟磷，特丁硫磷，氯磺隆，胺苯磺隆，甲磺隆，福美胂，福美甲胂，三氯杀螨醇，林丹，硫丹，溴甲烷，氟虫胺，杀扑磷，百草枯，2，4-滴丁酯，氟虫腈，甲拌磷，甲基异柳磷，克百威，水胺硫磷，氧乐果，灭多威，涕灭威，灭线磷，内吸磷，硫环磷，氯唑磷，乙酰甲胺磷，丁硫克百威，乐果，氰戊菊酯。

国家新禁用农药自动录入。

附录4 茶叶中农药最大残留限量（GB 2763—2019）

附表4-1 茶叶中农药最大残留限量

序号	农药中文名称	最大残留限量 (mg/kg)	是否登记或禁用
1	百草枯	0.2	禁用
2	百菌清	10	登记
3	苯醚甲环唑	10	登记
4	吡虫啉	0.5	登记
5	吡蚜酮	2	登记
6	吡唑醚菌酯	10	登记
7	丙溴磷	0.5	否
8	草铵膦	0.5*	登记
9	草甘膦	1	登记
10	虫螨腈	20	登记
11	除虫脲	20	登记
12	哒螨灵	5	复配登记

（续）

序号	农药中文名称	最大残留限量 (mg/kg)	是否登记或禁用
13	敌百虫	2	登记
14	丁醚脲	5*	登记
15	啶虫脒	10	登记
16	毒死蜱	2	否
17	多菌灵	5	否
18	呋虫胺	20	登记
19	氟虫脲	20	否
20	氟氯氰菊酯和高效氟氯氰菊酯	1	否
21	氟氰戊菊酯	20	否
22	甲氨基阿维菌素苯甲酸盐	0.5	复配登记
23	甲胺磷	0.05	禁用
24	甲拌磷	0.01	茶叶禁用
25	甲基对硫磷	0.02	禁用

（续）

序号	农药中文名称	最大残留限量 (mg/kg)	是否登记或禁用
26	甲基硫环磷	0.03*	禁用
27	甲萘威	5	否
28	甲氰菊酯	5	登记
29	克百威	0.05	茶叶禁用
30	喹螨醚	15	登记
31	联苯菊酯	5	登记
32	硫丹	10	禁用
33	硫环磷	0.03	茶叶禁用
34	氯氟氰菊酯和高效氯氟氰菊酯	15	登记
35	氯菊酯	20	登记
36	氯氰菊酯和高效氯氰菊酯	20	登记
37	氯噻啉	3*	登记
38	氯唑磷	0.01	茶叶禁用

（续）

序号	农药中文名称	最大残留限量 (mg/kg)	是否登记或禁用
39	醚菊酯	50	登记
40	灭多威	0.2	茶叶禁用
41	灭线磷	0.05	茶叶禁用
42	内吸磷	0.05	茶叶禁用
43	氰戊菊酯和 S-氰戊菊酯	0.1	茶叶禁用
44	噻虫胺	10	否
45	噻虫啉	10	复配登记
46	噻虫嗪	10	登记
47	噻螨酮	15	否
48	噻嗪酮	10	登记
49	三氯杀螨醇	0.2	禁用
50	杀螟丹	20	登记
51	杀螟硫磷	0.5*	登记
52	水胺硫磷	0.05	茶叶禁用

（续）

序号	农药中文名称	最大残留限量 (mg/kg)	是否登记或禁用
53	特丁硫磷	0.01*	禁用
54	西玛津	0.05	登记
55	辛硫磷	0.2	登记
56	溴氰菊酯	10	登记
57	氧乐果	0.05	茶叶禁用
58	乙螨唑	15	否
59	乙酰甲胺磷	0.1	茶叶禁用
60	印楝素	1	登记
61	茚虫威	5	登记
62	莠去津	0.1	登记
63	唑虫酰胺	50	复配登记
64	滴滴涕	0.2	禁用
65	六六六	0.2	禁用

注：* 表示该限量为临时限量。